BEI GRIN MACHT SICH IHR WISSEN BEZAHLT

- Wir veröffentlichen Ihre Hausarbeit,
  Bachelor- und Masterarbeit

- Ihr eigenes eBook und Buch -
  weltweit in allen wichtigen Shops

- Verdienen Sie an jedem Verkauf

Jetzt bei www.GRIN.com hochladen
und kostenlos publizieren

Analyse der Einsatzpotentiale und Skalierbarkeit von Direct Air Captuer

Lucas Saretzki

Bibliografische Information der Deutschen Nationalbibliothek:

Die Deutsche Nationalbibliothek verzeichnet diese Publikation in der Deutschen Nationalbibliografie; detaillierte bibliografische Daten sind im Internet über http://dnb.d-nb.de abrufbar.

ISBN: 9783346823960
Dieses Buch ist auch als E-Book erhältlich.

FOM Hochschule für Ökonomie & Management

Hochschulzentrum Dortmund

Berufsbegleitender Studiengang zum Master of Science
im Studiengang Wirtschaftsingenieurwesen

2. Semester

Seminararbeit
im Modul Technologiemanagement

über das Thema

Analyse der Einsatzpotentiale und Skalierbarkeit von Direct Air Captuer

Autor:	Lucas Saretzki
Abgabedatum:	04.05.2021

Inhaltsverzeichnis

Abbildungsverzeichnis

Tabellenverzeichnis

Abkürzungs- und Formelverzeichnis

CCS	Carbon Capture and Storage
CCUS	Carbon Capture Use and Storage
CO_2	Kohlenstoffdioxid
DAC	Direct Air Captuer
DACCS	Direct Air Capture with Carbon Storage
EfW	Energy from Waste
Gt	Gigatonne
Kg	Kiligramm
kWh	Kilowattstunde
Mt	Megatonne
NETs	Negative Emission Technologies

1 Einleitung

1.1 Hintergründe und Problemstellung

Die erhöhte Konzentration von Treibhausgasen und damit einhergehende Klimaentwicklung haben in den vergangenen Jahren bereits mehrmals besorgniserregende Auswirkungen gezeigt: Starkregen, Stürme und Orkane nahmen in Häufigkeit und Intensität zu, der Anstieg des Meeresspiegels führte zu Flutkatastrophen, Hitzewellen und Dürren zu unzähligen Waldbränden. Die Tatsache, dass dies mit der Verbrennung von fossilen Energieträgern zusammenhängt, ist bereits seit vielen Jahren bekannt. Die Menge der in den letzten Jahrzehnten von Menschen produzierten Treibhausgase ist heute höher als zu jedem anderen Zeitpunkt in den letzten 800.000 Jahren.[1] Um diesen Verlauf zu stoppen, wurde vor fünf Jahren das Pariser Klimaabkommen unterzeichnet. Das langfristige Ziel ist es, den weltweiten Temperaturanstieg auf 2 Grad Celsius im Vergleich zum vorindustriellen Zeitalter zu beschränken, möglichst aber auf 1,5 Grad zu halten.[2] Das Problem: In den letzten 60 Jahren nahm der Ausstoß an Kohlendioxid (CO_2) weltweit kontinuierlich zu – wenn auch in den vergangenen acht Jahren in einem deutlich geringeren Maße.[3] Erst im Jahr 2020 sinkt der globale CO_2-Ausstoß erstmals wieder. Ausschlaggebend für dieses Ergebnis ist allerdings die globale Corona Pandemie mit einhergehenden Lockdown-Maßnahmen. Ein sprunghafter Wiederanstieg nach der Pandemie ist demnach nicht ausgeschlossen.[4]

Die Maßnahmen zur Reduzierung der CO_2-Emissionen konzentrieren sich auf die Stilllegung von Braunkohlekraftwerken, den Ausbau der erneuerbaren Energien und die Förderung der E-Mobilität – Maßnahmen, die für viele derzeitige Schwellen- und Entwicklungsländer aufgrund von Armut, Technologierückstand oder mangelnder Infrastruktur nur schwer umzusetzen sind.

Eine vielversprechende Ergänzung zur Erreichung der Klimaziele ist es, bereits in der Erdatmosphäre vorhandenes Kohlenstoffdioxid aus der Luft zu entfernen. Bislang übernehmen diese Aufgabe – bis zu einem gewissen Grad – Pflanzen. Nur können diese

---

[1] Vgl. *Axthelm, W.*, Wer Klimaschutz will, braucht die Windenergie, 2019, S. 4.
[2] Vgl. *European Union*, 2020, o. S.
[3] Vgl. *Statista*, 2021, o. S.; *BMU*, 2021, o. S.
[4] Vgl. *Tagesschau*, 2020, o. S.

mit den steigenden anthropogenen Emissionen lange nicht mehr mithalten.[5] Aus diesem Grund versuchen Technologien, natürlich vorkommende biologische, chemische und physikalische Prozesse im globalen Kohlenstoffkreislauf zu intensivieren oder künstlich zu imitieren.[6] Diese Vorhaben werden als negative Emissionstechnologien (NETs = Negative Emission Technologies) beschrieben.[7]

Eine dieser Technologien ist das Direct Air Capture (CAD). DAC nutzt chemische Reaktionen, um große Mengen an Treibhausgasen aus der Atmosphäre zu entziehen, wobei unter anderem Substanzen eingesetzt werden, die als selektive Kohlendioxidfilter agieren. Damit führt dieser Prozess zu negativen Kohlenstoffemissionen und kann einen wichtigen Beitrag zur Erreichung der Klimaziele leisten.[8] Der Einsatz von DAC ist räumlich und zeitlich unabhängig von der Emissionsquelle. So ermöglicht DAC jedem Land, einen Beitrag zum Klimaschutz zu leisten, der über die Reduzierung der eigenen CO_2-Emissionen hinausgeht.[9]

Da es sich bei DAC um ein recht neues System handelt, gibt es nur wenige praktizierende Unternehmen und Erfahrungswerte. Bislang sind weltweit 14 DAC Anlagen in Betrieb[10], die zusammen mehr als 9.000 Tonnen CO_2 im Jahr abscheiden.[11] Zum Vergleich: Im Jahr 2019 wurden insgesamt über 36,4 Milliarden Tonnen CO_2 emittiert.[12] Die Gegenüberstellung verdeutlicht, dass sich diese Technologie noch im Entwicklungsstadium befindet.

Die Forschungsfragen für die vorliegende Ausarbeitung lauten daher:

Sind CAD Anlagen heute technisch ausgereift genug, um im industriellen Maßstab betrieben zu werden? Falls ja, welche Einsatzpotentiale gibt es, wie viele wären zur Erreichung der Klimaziele notwendig und welche Kosten würden entstehen?

---

[5] Vgl. *Williamson, P.*, Emissions reduction: **Scrutinize CO_2 removal methods**, 2016, S. 153-155

[6] Vgl. *Rickels, Wilfried et al.*, Welche Rolle spielen negative Emissionen für die zukünftige Klimapolitik?, 2019, S. 5

[7] Vgl. *Markus, T., et al.*, Negativemissionstechnologien als neues Instrument der Klimapolitik, 2021, S. 90.

[8] Vgl. *Geoengineering Monitor*, Direct Air Capture (DAC), 2021, S. 1.

[9] Vgl. *Rickels, Wilfried et al.*, Welche Rolle spielen negative Emissionen für die zukünftige Klimapolitik?, 2019, S. 15

[10] Vgl. *Heinrich-Böll-Stiftung*, Geoengineering Map, 2021

[11] Vgl. *Beuttler, C., Holmes, G.*, IEA, 2021, o. S.

[12] Vgl. *Statista*, 2021, o. S.

1.2   Ziele und Vorgehensweise

Ziel dieser Arbeit ist es, Informationen über derzeit verfügbare DAC-Technologien zu sammeln, eine eingehende Analyse der Investitionskosten, des Energiebedarfs und damit verbundenen Betriebskosten durchzuführen sowie die erforderliche Skalierung zu bestimmen, um einen messbaren Einfluss auf den Klimawandel zu erreichen.

Hierfür werden im ersten Schritt technische Grundlagen und verwendeten Technologien der heutigen CAD Anlagen beschrieben. Im zweiten Schritt werden die möglichen Verfahren zur Lagerung oder Weiterverarbeitung des abgeschiedenen Kohlenstoffdioxids zusammengefasst um Vor- und Nachteile gegenüberzustellen. Im Anschluss folgen die Analyse der Einsatzpotentiale und eine Kostenübersicht. Über die gewonnenen Erkenntnisse wird im Kapitel 5 die notwendige Skalierung bestimmt. Im letzten Kapitel wird ein Fazit zum heutigen Stand von DAC gezogen und Ausblicke auf die Entwicklung dieser Technologie in die nahe Zukunft gegeben.

2   Direct Air Capture Verfahren

2.1   Funktionsweise des DAC Verfahrens

Der Prozess von DAC-Systemen kann grundsätzlich in zwei Phasen unterteilt werden: In der ersten Phase wird die Umgebungsluft auf ein Sorptionsmittel geleitet. Hier wird das CO_2 aus der Luft durch absorbierende Stoffe gebunden. Im Anschluss wird das CO_2 durch Zufuhr von elektrischer oder thermischer Energie vom Sorptionsmittel getrennt, so dass dieses erneut CO_2 aufnehmen kann.[13] Das abgeschiedene CO_2 wird zunächst zwischengelagert. Da der Kohlendioxidgehalt in der Atmosphäre im ppm Bereich liegt, müssen möglichst große Luftmassen gefiltert werden, weshalb die Umgebungsluft üblicherweise über große Ventilatoren auf das Sorptionsmittel geleitet wird. Im Folgenden werden die beiden am häufigsten verwendeten Methoden zur Abscheidung von Kohlendioxid erläutert.

---

[13] Vgl. *Viebahn, P., Scholz, A., Zelt, O.*, Energiewirtschaftliche Tagesfragen: Entwicklungsstand und Forschungsbedarf von Direct Air Capture – Ergebnis einer multidimensionalen Analyse, 2019, S. 30.

2.1.1 Absorption mit Kaliumhydroxid und Hochtemperaturlösung

Bei diesem Verfahren, welches bspw. die Kanadische Firma Carbon Engineering nutzt, wird CO_2 mittels Kaliumhydroxid absorbiert: Die über Ventilatoren angesogene Luft, strömt auf dünne Kunststoffoberflächen, über die eine Kaliumhydroxidlösung fließt. Diese bindet die CO_2-Moleküle, entfernt sie aus der Luft und fängt sie in der flüssigen Lösung ein. Die resultierende Kaliumhydroxidlösung wird im Anschluss in einem Pelletreaktor zu Calciumcarbonat ausgeschieden und durch Kalzinieren in CO_2 und Calciumoxid zerlegt. Die daraus entstehenden Pellets werden dann in unserem dritten Schritt, in einem Kalzinator, auf über 850 °C erhitzt, um das absorbierte CO_2 in reiner Gasform freizusetzen. Der für die Kalzinierung benötigte Strom wird wiederum über eine Gasturbine erzeugt.[14]

Abbildung 1: Schematische Darstellung von DAC durch Absorption mit Kaliumhydroxid

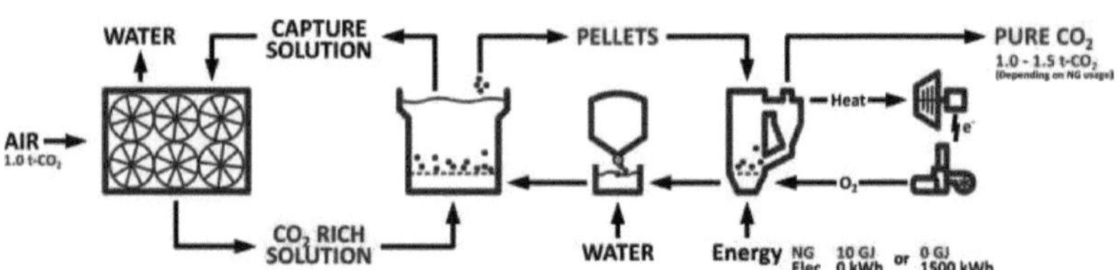

Quelle: *Carbon Engineering, 2021*

Die obere Abbildung visualisiert die wichtigsten Schritte von der Luftaufnahme bis hin zu Umwandlung und sauberen Luftausgabe einer Anlage von Carbon Engineering.

2.1.2 Adsorption mit Sorptionsfilter und Niedrigtemperaturlösung

Ein alternatives Verfahren nutzt feste Sorptionsfilter zur Adsorption von Kohlendioxid. Dieses wird unter anderem von der Schweizer Firma Climeworks verwendet. Wieder wird die Umgebungsluft über Ventilatoren in die Anlage geleitet. Hier wird das CO_2 durch organisch-chemische Adsorption zunächst an eine Filterfläche mit Sorptionsmittel gebunden, welches anschließend durch Wärme und Feuchtigkeit erneuert wird.

---

[14] Vgl. *Carbon Engineering*, 2021, o. S.; Vgl. *Viebahn, P., Scholz, A., Zelt, O.*, Energiewirtschaftliche Tagesfragen: Entwicklungsstand und Forschungsbedarf von Direct Air Capture – Ergebnis einer multidimensionalen Analyse, 2019, S. 30 – 31.

Als Filtermaterial werden poröse Granulate verwendet, auf deren Oberfläche sich Aminverbindungen ablagern. Das Adsorptionsmittel kann unter Vakuum bereits im Niedertemperaturbereich von 60 bis 100 °C neu aufbereitet werden, die über Abwärme anderer Systeme gewonnen werden kann, wodurch der Energiebedarf bei diesem Verfahren deutlich geringer ausfällt. Zusätzlich steht nach dem Adsorptionsprozess die in der Luft enthaltene Feuchtigkeit als Wasser zur Verfügung, was den Wasserbedarf ebenfalls reduziert.[15] Abbildung 1 visualisiert diesen Prozess wie er im schweizerischen Unternehmen Climeworks praktiziert wird.

Abbildung 2: Schematische Darstellung von DAC durch Adsorption mit Sorptionsfilter

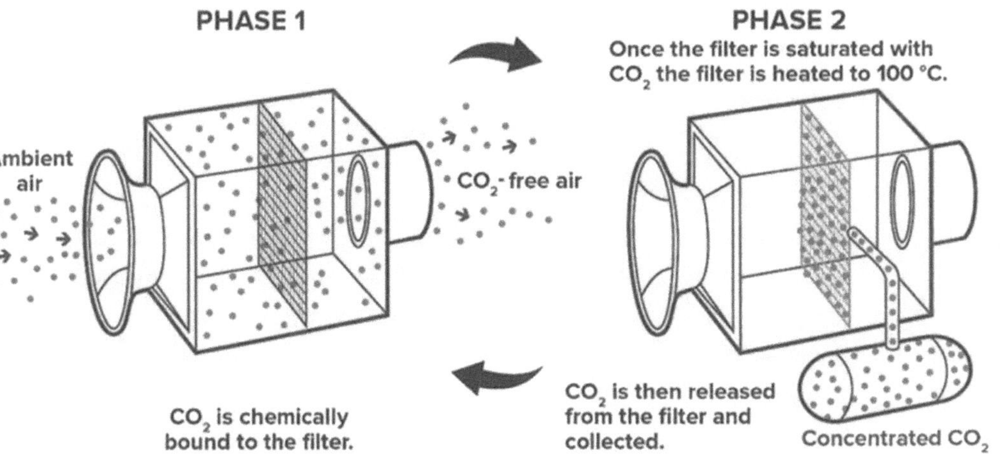

Quelle: *Kronenberg, D.,* Das Potential von Direct Air Capture (DAC), Innovationstagung CO₂, 2019. S. 3.

DAC Systeme mit festem Sorptionsfilter bringen aufgrund der niedrigeren Wärmeversorgungskosten, der Möglichkeit, Abwärme aus anderen Systemen zu nutzen, sowie des geringen Wasserbedarfs viele Vorteile mit sich.

---

[15] Vgl. *Climeworks,* 2021. o. S. ;Vgl. *Viebahn, P., Scholz, A., Zelt, O.,* Energiewirtschaftliche Tagesfragen: Entwicklungsstand und Forschungsbedarf von Direct Air Capture – Ergebnis einer multidimensionalen Analyse, 2019, S. 31

2.1.3 Weitere DAC Systeme

Ein alternativer DAC-Ansatz umfasst die CO_2-Abscheidung mittels batterieähnlichen Säulen. Die 10 Meter hohen MechanicalTrees™ der Irischen Firma Silicon Kingdom Holdings, nutzen keine Ventilatoren, sondern lassen sich über den Wind neue Luft liefern, was zu niedrigen Betriebskosten führt. Nachdem 20 Minuten lang CO_2 aus der Umgebungsluft über 150 Sorptionskacheln aufgenommen wurde, schließt sich die Säule, um ein Vakuum zu erzeugen.[16] Wie genau der

Abbildung 3: Beispiel eines MechanicalTrees™

Quelle: *Silicon Kingdom Holdings*, 2021.

Prozess der Adsorption und Lagerung erfolgt und wie hoch die Kosten liegen, wird bislang nicht publiziert. Laut Angaben des Herstellers, wird 2021 die erste eigene CO_2-Farm in Betrieb genommen, beginnend mit 12-24 Säulen, die zusammen 1-2 Tonnen CO_2 am Tag absorbieren sollen. Diese Farm soll im Nachgang auf bis zu 360 Anlagen erweitert werden, um bis zu 30 Tonnen CO_2 pro Tag einfangen zu können.[17]

2.2 Mögliche Risiken

Befürworter von DAC argumentieren, dass dieses Verfahren ein wesentlicher Bestandteil des Klimaschutzes ist. Es kann helfen, die Ziele des Pariser Klimaabkommens zu erreichen. Eine Gefahr besteht darin, sich auf diese Technologie zu verlassen und die Emissionsreduzierung aufzuschieben, in der Annahme, dass durch DAC das Kohlenstoffbudget gestreckt werden kann.[18]

Ein weiteres Gegenargument der DAC Technologie ist, dass aufgrund des relativ geringen CO_2 Gehalts in der Atmosphäre (400 ppm), DAC für die CO_2 Abscheidung und -Speicherung deutlich mehr Energie benötigen, als die Absorption direkt an einer Kohlendioxidquelle. Der theoretische Energiebedarf zur Extraktion aus der Umgebungsluft liegt, abhängig von der verwendeten Technologie und Anlagengröße, bei ca. 250 kWh pro Tonne CO_2. Zum Vergleich: Die Abscheidung aus einem Erdgas- oder Kohlekraftwerk würde lediglich ca. 100 und 65 kWh pro Tonne CO_2 benötigen.[19] Die

---

[16] Vgl. *Silicon Kingdom Holdings*, 2021, o. S.
[17] Vgl. *Silicon Kingdom Holdings*, 2021, o. S.
[18] Vgl. *Chairns, S.*, Direct Air Capture, 2020, o. S.
[19] Vgl. *Schlögl, R., et. al.*, Novel carbon capture and utilisation technologies, 2018, S. 50.

Verwendung von fossilen Brennstoffen zum Erzeugen der benötigten Energie könnte am Ende mehr CO_2 freisetzen, als Direct Air Capture abscheiden würde.[20] Die Steigerung der Effizienz sowie die Verwendung erneuerbarer Energien sind somit essenziell für einen sinnvollen Betrieb von DAC.

3 Einsatzpotentiale

Die globalen und lokalen Schwankungen des CO_2-Gehalts der Atmosphäre sind sehr gering, da die Diffusion und Vermischung des Kohlendioxids in der Atmosphäre sehr schnell erfolgt. DAC Anlagen können daher fast überall eingesetzt werden. Örtlichen Klima- und Wetterbedingungen sowie die Höhenlage haben wiederum einen gewissen Einfluss auf die Leistungsmerkmale.[21] Wie hoch dieser Einfluss tatsächlich ist, wird in der Literatur oder den Herstellern jedoch nicht genannt. Das aus dem DAC Verfahren gewonnene CO_2 kann nach Absorption an verschiedenen Orten gespeichert werden.

Abbildung 4: Beispiele zu möglichen Verwendungszwecken von CO_2

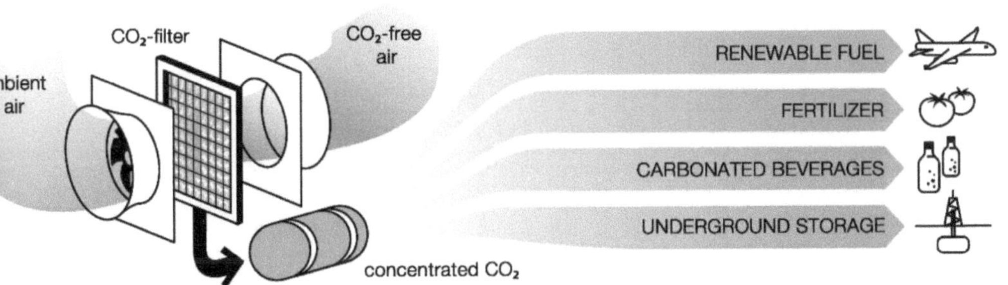

Quelle: *MAG*, 2018, o. S.

Allgemein sehen Vorschläge zur Umsetzung vor, das CO_2 entweder nach Abscheidung und Speicherung unter der Erde dauerhaft zu lagern (DACCS = Direct Air Capture with Carbon Storage) oder durch Weiterverarbeitung in Produkten unterschiedlicher Lebensdauer zu speichern (CCUS = Carbon Capture Use and Storage).[22]

---

[20] Vgl. *Chairns, S.*, Direct Air Capture, 2020, o. S.
[21] Vgl. *Climeworks*, 2021, o. S.
[22] Vgl. *Geoengineering Monitor*, Direct Air Capture (DAC), 2021, S. 1.

3.1.1 DACCS Verfahren zur langfristigen Speicherung

Das Verfahren, Kohlendioxid nach der Abscheidung dauerhaft zu speichern, wird auch als Sequestrierung bezeichnet. Bis heute werden unterschiedliche Ansätze verfolgt, um ein langfristig sicheres Endlager für das klimaschädliche Treibhausgas zu finden.

Eine **Speicherung unter dem Meeresboden** ist möglich, könnte aber langfristig zu einer Versauerung der Ozeane führen und das Kohlendioxid in den kommenden Jahrhunderten wieder in die Atmosphäre freisetzen.[23] Vor der Lagerung im Meer muss das gespeicherte CO_2 zunächst durch Druck verflüssigt werden, damit es transportiert werden kann.[24] Auch hier bestehen erste Risiken in Falle von Transportschäden – dieses besteht allerdings auch bei den alternativen Endlagern. Politisch haben die Proteste in Deutschland gegen DACCS dazu geführt, dass die Speicherung von CO_2 unterm Meeresboden in den Bundesländern, in denen die geologischen Grundvoraussetzungen gegeben wären (Mecklenburg-Vorpommern, Niedersachsen und Schleswig-Holstein), gesetzlich nicht zugelassen wurde.[25]

Ein alternativer Ansatz ist die **Lagerung im Boden** in bis zu 800 Metern Tiefe unterhalb vom Deckgestein. Ein Pilotprojekt in Dänemark namens CO2SINK testete bis 2012 dieses Vorgehen. Über 60.000 Tonnen CO_2 konnten bis zum Projektende in den Boden gepumpt werden.[26] Doch auch bei diesem Prozess ist eine Leckage, bspw. ausgelöst durch ein Erdbeben, nicht auszuschließen, wodurch der Nutzen signifikant gemindert werden würde.[27]

Einen neuen Ansatz zur Speicherung im Erdboden verfolgt das isländische Unternehmen Carbfix. Dabei wird das absorbierte CO_2 mit Wasser vermischt und tief unter die Erdoberfläche gepumpt. Über natürliche Mineralisierung reagiert das CO_2 mit dem dort vorhandenen porösen **Basaltgestein** (gebildet aus erkalteter Lava) und mineralisiert das

---

[23] Vgl. *Rickels, W., et al.,* Welche Rolle spielen negative Emissionen für die zukünftige Klimapolitik? Eine ökonomische Einschätzung des 1,5°C-Sonderberichts des Weltklimarats, 2019, S. 16-17

[24] Vgl. *Geoengineering Monitor,* Direct Air Capture (DAC), 2021, S. 2.

[25] Vgl. *Rickels, W., et al.,* Welche Rolle spielen negative Emissionen für die zukünftige Klimapolitik? Eine ökonomische Einschätzung des 1,5°C-Sonderberichts des Weltklimarats, 2019, S. 16-17

[26] Vgl. *CO2SINK,* 2012, o. S.

[27] Vgl. *Shaffner, G.,* Niels Bohr Institut, Wie sicher sind Kohlendioxid-Lager im Untergrund?, 2010., o. S.

CO_2 innerhalb weniger Jahren zu Karbonat, wodurch es nicht mehr in die Atmosphäre gelangen kann.[28]

Das Prinzip der Mineralisierung wird derzeit auch in der Bergbauindustrie getestet. Ziel ist es, **zerkleinerte Bergbauabfälle**, auch Tailings genannt, zu nutzen, um CO_2 darin zu speichern und es direkt vor Ort auf den Bergbauhalden zu verteilen und dauerhaft zu lagern.[29]

Obwohl die genannten Endlager bereits als vielversprechende Lösung für die Senkung der Kohlendioxid-Konzentration in der Atmosphäre angesehen werden, erfolgt der größte Anteil der CO_2-Sequestrierung derzeit in Ölfeldern, wo durch Einpressen von CO_2 mehr Öl gefördert werden kann.[30]

Insgesamt bestehen folgende Vor- und Nachteile für die CO_2 Sequestrierung:

Tabelle 1: Vor- und Nachteile von DACCS Verfahren

Vorteile	Nachteile
Dauerhafte Dekarbonisierung	Mögliche Leckage je nach Speicherort nicht ausgeschlossen
Langfristig hohes Speichervolumen pro Speicherort	Geeigneter Standort muss zunächst gefunden und evaluiert werden
	Teilweise höhere Abneigung in der Gesellschaft

Quelle: eigene Darstellung

3.1.2 CCUS Verfahren zur Weiterverarbeitung

Das absorbierte Kohlendioxid bietet ebenfalls Einsatzpotential für zahlreiche CO_2-haltige Produkte. Da CO_2 thermodynamisch ein sehr stabiles Molekül ist, erfordern Reaktionen mit CO_2 zum Zwecke der Weiterverarbeitung in der Regel erhebliche Energiemengen.[31]

Grundsätzlich führen CCUS Verfahren dazu, dass das gespeicherte Kohlendioxid mittelfristig wieder in die Atmosphäre freigesetzt wird. So passiert es auch bei der Verwertung für **synthetische Kraftstoffe**. Die Verwendung für Kraftstoff würde im

---

[28] Vgl. *Shopify*, Pionierlösungen – Direct Air Capture, 2020, o. S.
[29] Vgl. *Shopify*, Pionierlösungen – Mineralisierung, 2020, o. S.
[30] Vg. *Vogelsanger, P.*, **Die** CO_2-Entfernung aus der Luft ist notwendig und da, 2019, o. S.
[31] Vgl. *Geoengineering Monitor*, Abscheidung, Nutzung und Speicherung von CO_2, 2021, S. 1.

Gegensatz zu Sequestrierung zwar keine negativen Emissionen verursachen, könnte aber einen Nutzen für das Klima haben, wenn zum Beispiel synthetische Brennstoffe herkömmliche fossile Brennstoffe ersetzen.[32]

Eine andere Variante ist die Verwendung von abgeschiedenem CO_2 als Ausgangsstoff für **Chemikalien**. Möglich wird dies durch Carboxylierungsreaktionen, wobei das CO_2-Molekül zur Herstellung von Methan, Methanol, Synthesegas, Harnstoff und Ameisensäure verwendet wird. Da Chemikalien in der Regel nur wenige Monate gelagert werden, bevor sie zum Einsatz kommen, gelangt das CO_2 auch hier schnell wieder in die Atmosphäre zurück.[33]

Climeworks nutzt das Gas unter anderem für die Produktion von **Mineralwasser**. Der Schweizer Lizenznehmer und Abfüller Coca-Cola HBC verwendet das von Climeworks zurückgewonnene CO_2 für seine eigene Mineralwassermarke Valser. Aufgrund dieser Maßnahmen wurde die Marke Valser 2018 mit dem Titel des „ersten klimaneutralen Mineralwassers" der Schweiz ausgezeichnet.[34]

Ebenfalls betreibt Climeworks eine DAC Anlage in Zürich, um das eingefangene Treibhausgas für die Herstellung von **Dünger** für Gewächshäuser zu verarbeiten.[35]

Der am QUT Centre for Clean Energy Technologies and Practices entwickelte Verarbeitungsprozess kann aus CO_2 Rohmaterialien für die Industrie liefern. Das Verfahren wurde entwickelt, um das Kohlendioxid in Wasser abzuscheiden und als ungiftiges Kalziumkarbonat (Kreide) zu speichern, welches wiederum wichtiger Bestandteil für die **Zementproduktion** ist.[36]

Das kalifornische Unternehmen Newlight betreibt seit 2019 die erste kommerzielle DAC Anlage (Eagle 3) zur Umwandlung von abgeschiedenem CO_2 in **Bio-Kunststoffe**, welche derzeit überwiegend für die Modeindustrie eingesetzt werden.[37]

Die Beispiele zeigen, dass es bereits vielseitige Anwendungen für das aus DAC gewonnene Kohlendioxid gibt. Da das Treibhausgas wieder an die Atmosphäre

---

[32] Vgl. *IEA*, 2020, o. S.
[33] Vgl. *Geoengineering Monitor*, Abscheidung, Nutzung und Speicherung von CO_2, 2021, S. 1.
[34] Vgl. *Coca-Cola HBC*, 2019, o. S.
[35] Vgl. *Rickels, W., et al.*, Welche Rolle spielen negative Emissionen für die zukünftige Klimapolitik? Eine ökonomische Einschätzung des 1,5°C-Sonderberichts des Weltklimarats, 2019, S. 17
[36] Vgl. *Geoengineering Monitor*, Direct Air Capture (DAC), 2021, S. 1.
[37] Vgl. *Newlight Technologies*, 2021, o. S.

abgegeben wird, ist es für das CCUS Verfahren besonders wichtig, dass für einen sinnvollen Betrieb, der benötigte Strom aus erneuerbaren Energien gewonnen wird.

In der Summe ergeben sich folgende Vor- und Nachteile für CCUS:

Tabelle 2: Vor- und Nachteile von CCUS Verfahren

Vorteile	Nachteile
Vielfältige Einsatzpotentiale	CO_2 wird wieder in die Atmosphäre gelassen
Höhere Akzeptanz in Gesellschaft, da betroffene Produkte ohnehin produziert werden	Verarbeitung von CO_2 ist Energie- und kostenintensiv

Quelle: eigene Darstellung

4   Kosten und Effizienz von DAC

4.1   Errichtungs- und Betriebskosten

Entgegen der hohen Erwartungshaltung an dieser Technologie, handelt es sich derzeit noch um ein recht teures Vorhaben, was ein entscheidender Faktor wird, sobald es um einen großräumigen Ausbau geht. Herstellkosten und Energiebedarf für eine DAC Anlage variieren je nach Technologie (Hoch- oder Niedrigtemperaturlösung) und je nachdem, ob das abgeschiedene CO_2 geologisch gelagert oder sofort bei niedrigem Druck verwendet wird,[38] denn beim Letzteren fallen unter anderem zusätzliche Kosten für die CO_2-Kompressoren an.

Gemäß der Daten von Wilfried Rickels et al. (siehe Tabelle 3) lagen die Kosten für eine Tonne CO_2 im Jahre 2019 zwischen 200 und 600 Euro. Die Verfahrenskosten sinken zwar mit fortscheitendem Entwicklungsstand – so werben erste DAC Betreiber heute bereits mit Kosten von unter 100 Euro pro Tonne CO_2 – doch bleiben diese im Vergleich zu anderen NETs noch immer sehr hoch. Tabelle 3 zeigt eine Übersicht über alternative NETs sowie ihre Potenziale und Kosten.

---

[38] Vgl. *IEA*, 2020, o. S.

Tabelle 3: Übersicht zu Potentialen unterschiedlicher NETs

Negative Emissionen Technologie (NETs)	Globales Potential (Gt CO_2/Jahr)	Kosten (USD t/CO_2)	Reife der Technologie (von 1 bis 9) [a]
NETs basierend auf biologischen Verfahren			
Aufforstung/ Wiederaufforstung	3-20	3-30	8-9
Waldmanagement	1-2	3-30	8-9
Feucht-, Moor-, und Küstengebietserhaltung, -wiederherstellung und –management	0,4 – 20	10-100	5-6
Kohlenstoffspeicherung in Böden	1-10	-10– 3	8-9
Biokohleherstellung	2-5	0-200	3-6
Bioenergie with Kohlenstoffabscheidung und-speicherung (BECCS)	10	100-300	Bioenergie: 7-9 CCS: 4-7
Verwendung von Biomasse als Baumaterial	0.5-1	0	8-9
Blue Carbon[b]	0.13	0-20	NA
Marine (Eisen-)Düngung	1-3	10-500	1-5
NETs basierend auf chemischen Verfahren			
Beschleunigug der natürlichen Verwitterung	0.5-4	50-500	1-5
Mineralische Carbonatbildung	9,13-10,83[b]	50-300 (ex situ) 20 (in situ)	3-8
Marine Alkalinitätsmanagement	40	70-200	2-4
NETs basierend auch chemisch-technischen Verfahren			
CO_2 Sorption auf der Luft (Direct Air capture)	0,5-5	200-600 (kurzfristig) 100 (langfristig)	4-7[c]
Kohlenstoffarmer Zement	>0.1	50-300	6-7

Quelle: *Rickels, W., et al.,* Welche Rolle spielen negative Emissionen für die zukünftige Klimapolitik? Eine ökonomische Einschätzung des 1,5°C-Sonderberichts des Weltklimarats, 2019, S. 23

Laut den Berechnungen von Carbon Engineering liegen die nivellierten Kosten, in Abhängigkeit von der Größe der Anlage, zwischen 94 und 232 US Dollar pro Tonne CO_2.[39] Climeworks wiederum gibt an, dass die typischen Energieverbrauchswerte, die für industrielle Anlagen erwartet werden, bei ca. 2.000 kWh Wärme und 650 kWh Strom pro Tonne Kohlendioxid liegen werden.[40] Bei einem durchschnittlichen Strompreis von 21,19 Cent / kWh für ein Gewerbe,[41] ergeben sich 561,53 Euro pro Tonne Kohlendioxid. Selbstverständlich schwanken diese Kosten in gleicher Maßen wie die Strompreise.

---

[39] Vgl. *Keith, D. W., et. al.,* A Process for Capturing CO_2 from the Atmosphere, 2021, S. 2.
[40] Vgl. *Climeworks,* 2021, o. S.
[41] Vgl. *Strom-Report,* 2021, o. S.

Die Kosten für die Entfernung von einer Tonne CO_2 im Jahr durch Aufforstung liegen dagegen bei maximal 30 Euro.[42]

Kenntnisse zu den Gesamtkosten von DAC sind allgemein nur ansatzweise vorhanden. Neben den Betriebskosten für einzelne Anlagen gibt es nur wenige Abschätzungen zur möglichen Skalierung der einzelnen Anlagentechnologien und einhergehender Kostenentwicklung.

In einer Studie von David W. Keith et. al. wurden die Errichtungs- und Betriebskosten für eine Industrielle DAC Anlage mit einer Kapazität von 1 Megatonne CO_2 pro Jahr kalkuliert. Die Leistung einer Anlage dieser Größe entspricht dabei der von 40 Millionen Bäumen.[43] Die Gesamtkosten für dieses Projekt würden bei ca. 1.126,8 Millionen US Dollar liegen.[44]

Tabelle 4: Geschätzte Anlagenkosten [in Tausend] für 1 Megatonne CO_2 im Jahr

	Anschaffungs-kosten	Sonst. Materialkosten	Labor-kosten	Gesamtkosten
Luftkompressor	$114,2	$48,0	$50,0	**$212,2**
Pallets-Reaktor	$76,9	$28,4	$25,5	**$130,8**
Kalzinator Slaker	$43,8	$18,1	$15,8	**$77,7**
Luftausscheider	$38,0	$0,0	$16,3	**$54,3**
CO_2-Kompressor	$17,2	$1,4	$1,4	**$20,0**
Dampfturbine	$6,7	$0,4	$0,4	**$7,5**
Triebwerk	$32,7	$0,9	$1,4	**$35,0**
Feinstaubfilter	$17,6	$7,1	$6,2	**$30,9**
Sonstige Teile (gesamt)	$96,9	$3,4	$2,5	**$102,8**
Montage	$2,5	$0,0	$4,2	**$6,7**
Transformator	$0,0	$18,6	$1,2	**$19,8**
Anlagenkosten				**$697,7**
Zusätzliche Kosten *(Ersatzteile, Verbrauchsmaterialien)*				**88,5**
Sonstige Kosten *(Technik, Mitarbeiter, Rücklagen)*				**340,6**
Gesamtkosten				**$1.126,8**

Quelle: In Anlehnung an *Keith, D. W., et. al.*, A Process for Capturing CO_2 from the Atmosphere, 2021, S. 18.

---

[42] Vgl. *Rickels, W., et al.*, Welche Rolle spielen negative Emissionen für die zukünftige Klimapolitik? Eine ökonomische Einschätzung des 1,5°C-Sonderberichts des Weltklimarats, 2019, S. 23
[43] Vgl. *Carbon Engineering*, 2021, o. S.
[44] Vgl. *Keith, D. W., et. al.*, A Process for Capturing CO_2 from the Atmosphere, 2021, S. 18.

Nach den Berechnungen von Keith, D. W., et. al., liegt der Energieverbrauch pro Tonne CO_2 bei 190 kWh.[45] Mit dem zuvor genannten Strompreis würde dies 40,26 Euro ergeben – ein wettbewerbsfähiger Preis **für eine** Tonne CO_2 – sofern die Kosten für die Errichtung ausgeklammert werden.

In einem weiteren Entwurf für eine Anlage, die bis zu 500.000 Tonnen CO_2 im Jahr einfangen kann, schätzt Carbon Engineering die Projektkosten auf 300 bis 500 US Dollar.[46] Angaben zu die hieraus resultierenden Verfahrenskosten für eine Tonne Kohlendioxid werden jedoch nicht öffentlich kommuniziert.

4.2   Effizienz von DAC

Die Effizienz hinsichtlich der CO_2 Reduktion einer DAC Anlage richtet sich hauptsächlich nach dem darauffolgenden Prozess und der nach der Wahl der Energiequelle. Die von Climeworks betriebenen DAC Anlagen verwendet erneuerbare Energien, Energien aus Abfällen (EfW = Energy from Waste) oder sonstige Abwärme.[47] Für die langfristige Einlagerung (DACCS) können so negative Emissionen mit einem Wirkungsgrad von bis zu 93,1% erreicht werden. Aufgrund der sehr kohlenstoffarmen Energieerzeugung, fällt hier die hier Wahl des Adsorptionsmittels schwerer ins Gewicht, da sie bis zu ca. 45g CO_2e pro Kilogramm abgeschiedenem CO_2 verursachen.[48]

Bei der Weiterverarbeitung durch (CCUS), bspw. zu synthetischen Kraftstoffen werden zunächst keine negativen Emissionen erreicht. Der Bio-Kraftstoff liefert jedoch, sofern mit erneuerbaren Energien produziert wurde, auf den gesamten Lebenszyklus gesehen, eine CO_2 Einsparung von 0,51g CO_2e für jedes Gramm CO_2, das durch DAC aufgenommen wurde.[49] Theoretisch sind daher mit beiden DAC Anwendungen negative Emissionen möglich, wobei DACCS den höheren Effizienzgrad erreichen kann.

---

[45] Vgl. *Keith, D. W., et. al.,* **A Process for Capturing CO_2 from the Atmosphere**, 2021, S. 20.
[46] Vgl. *Blum, J., Chronicle, H.,* Oxy moves forward on Permian 'direct air capture' plant, 2019, o. S.
[47] Vgl. *Climeworks,* 2021, o. S.
[48] Vgl. *Deutz, S., Bardow, A.,* Life-cycle assessment of an industrial direct air capture process based on temperature–vacuum swing adsorption, 2021, S 1.
[49] Vgl. *Liu, C. M, et al.,* A life cycle assessment of greenhouse gas emissions from direct air capture and Fischer–Tropsch fuel production, 2020, S. 12.

5   Erforderliche Dimensionierung

Um das Klimaziel zu erreichen, müssen bis 2050 jedes Jahr 10 Gigatonnen CO_2 aus der Luft entfernt werden, ab 2050 bis 2100 sogar 20 Gigatonnen.[50] Heutige DAC Anlagen schaffen es, innerhalb eines Jahres nur wenige Tausend Tonnen an CO_2 aus der Luft zu filtern. Um einen erwünschten Effekt zu erzielen, müssten die Effizienz, Größe und Anzahl der heutigen Anlagen in den Giga Tonnen Bereich steigen.[51]

Die neuste DAC Anlage der Firma Climeworks namens "Orca" wird voraussichtlich Mitte 2021 in Betrieb genommen. Mit der Kapazität von 4.000 Tonnen Kohlendioxid pro Jahr wird sie die bisher größte DAC Anlage der Welt sein.[52]

Abbildung 5: Climeworks´ DAC Anlage "Orca" in Hellisheidi

Quelle: *Climeworks*, 2021, o. S.

Würde mit diesem Anlagentyp das Klimaziel von 10 Gigatonnen CO_2 verfolgt werden, wären 2,5 Millionen Anlagen notwendig. Dies zeigt, dass es sich faktisch auch bei dieser Anlage noch um einen Prototyp handelt, der den nächsten Schritt macht, aber noch nicht die Effizienz und Größe hat, um einen ausreichend großen Effekt auf das Klima zu haben.

Climework selbst hat sich zum Ziel gesetzt, bis 2025 rund 300 Millionen Tonnen Kohlendioxid pro Jahr – was ca. 1 % der globalen CO_2 Emissionen entspricht – aus der

---

[50] Vgl. *Swain, F.*, BBC - Cooling the planet by filtering excess carbon dioxide out of the air on an industrial scale would require a new, massive global industry – what would it need to work?, 2021, o. S.
[51] Vgl. *McQueen, N., et all.*, Cost Analysis of Direct Air Capture and Storage Coupled to Low-Carbon Thermal Energy in the U.S., 2020, o. S.
[52] Vgl. *Climeworks*, The world's biggest climate-positive direct air capture plant: Orca!, 2021, o. S:

Atmosphäre zu filtern. Um dieses Vorhaben realisieren zu können, sind nach Berechnungen des Herstellers 25.000 DAC notwendig.[53]

Die Rechnung lässt darauf schließen, dass wenn ab 2025 jährlich ca. 300 Millionen Tonnen Kohlendioxid mit 25.000 Anlagen abgeschieden werden sollen, jede Anlage im Durchschnitt 12.000 Tonnen CO_2 im Jahr speichern kann. Die Kohlendioxidkapazität würde sich im Vergleich zur Anlage „Orca" über die nächsten fünf Jahre vervierfachen.

Tabelle 5: Hochrechnung zum Technologiefortschritt

Jahr	CO_2 pro Jahr in Tonnen
2020	4.000
2025	12.000
2030	48.000
2035	192.000
2040	768.000
2045	3.072.000
2050	12.288.000

Quelle: eigene Darstellung

Mit der Annahme, dass dieser Trend bis 2050 durch den Technologiefortschritt beibehalten werden kann, würden sich erst ab 2040 Anlagen dem Gigatonnen Bereich annähern (siehe Tabelle 5).

Projekte zu Anlagen mit Kapazitäten von 500.000 bis 1.000.000 Tonnen CO_2, wie sie parallel von Carbon Engineering angestrebt werden, könnten den entscheidenden Durchbruch bringen, um DAC schneller in eine neue Dimension zu führen. Auch diese Anlagen müssten in hoher Stückzahl gebaut werden: Mindestens 10.000 Stück mit Gesamtkosten von ca. 1 Milliarden Euro pro Anlage wären notwendig, um das Klimaziel nach heutigen Berechnungen (10 Gigatonnen CO_2 pro Jahr) zu erreichen.

Zusätzlich muss darauf geachtet werden, dass die Nachfrage nach DAC nicht in Konkurrenz zu erneuerbarem Strom steht. Der für diese Anlagen benötigte Strom sollte CO_2 neutral erzeugt werden, um effektiv negative Emissionen erzeugen zu können. Die logistische Herausforderung, ausreichend große Flächen für die Anlagen, aber auch eine Lösung für den sicheren Transport des abgeschiedenen Kohlendioxids gilt es noch zu finden.

---

[53] Vgl. *Hüfner D.,* Businessinsider, 2020, o. S.

6   Fazit und Ausblick

Dass Direct Air Capture negative Emissionen erzeugen und damit einen positiven Effekt auf den Klimawandel haben kann, wurde bereits bewiesen. Durch Sequestrierung im Erdboden lässt sich Kohlendioxid dauerhaft aus der Atmosphäre entfernen und auch die Weiterverarbeitung in CO_2-haltigen Produkt, kann über den gesamten Lebenszyklus gesehen, CO_2 Emissionen reduzieren. Da unsere Atmosphäre eine quasi unendliche Ressource ist, kann DAC zusätzlich die langfristige Versorgung von Kohlendioxid sicherstellen. Die bislang in Betrieb genommenen Anlangen weisen allerdings noch nicht den benötigten Reifegrad aus, im großen Maße industriell eingesetzt zu werden.

Die größte Hürde sind derzeit die relativ geringen Leistungen von maximal 4.000 Tonnen CO_2 im Jahr pro Anlagen, in Relation zu den erforderlichen Mengen von 10 Gigatonnen an Kohlendioxid, die es zu entfernen gilt. Hinzu kommen die Kosten von bis zu rund 500 Euro für eine Tonne CO_2 und immense Errichtungskosten, da jede Anlage ein Einzelstück ist. Damit diese Technologie seinen Beitrag zum Klimaschutz leisten kann, benötigt es effizientere, größere, standardisierte und so auch günstigere Anlagen, die weltweit in hoher Stückzahl gebaut werden können. Es werden Anlagen benötigt, die jährliche Kapazitäten in Megatonnen haben, damit eine realistische Skalierung von mehreren Tausend Anlagen vorgenommen werden kann. Die notwendige Skalierung variiert mit der Leistung zukünftiger DAC Anlagen. Zudem ist die Energiequelle entscheidend für DAC, um sowohl negative Emissionen zu ermöglichen als auch den CO_2 Gehalt von Verbrauchsgütern zu senken. Der Ausbau von Erneuerbaren Energien muss entsprechend im gleichen Maße erfolgen.

Perspektivisch wäre es auch denkbar, dass parallel zu zukünftigen Gigawatt-Anlagen kleine DAC-Anlagen zu geringen Kosten für die breite Masse entwickelt werden, so dass auch private Haushalte einen Beitrag zu negativen Emissionen leisten. Das gewonnene CO_2 könnte gegen eine Vergütung an den Staat oder umliegende Unternehmen zur Weiterverarbeitung verkauft werden. Auch eine Integration von Sorptionsfilter in PKW, Busse und LKW ist denkbar, da über den Fahrtwind ausreichend Luft zugeführt wird. Die Abwärme vom Motor oder der Batterien könnte für die Niedrigtemperaturlösung vom CO_2 genutzt werden.

Um die Entwicklung neuer DAC Technologien zu fördern, wird derzeit ein Wettbewerb von XPRIZE mit einem Rekord-Preisgeld von 100 Millionen USD ausgerufen. Finanziert wird dieser von Elon Musk und der Musk Foundation. Der Wettbewerb startet 2021 und wird vier Jahre lang dauern. Um zu gewinnen, muss ein funktionsfähiger Prototyp eines DAC Modells demonstriert werden, der mindestens 1 Tonne Kohlendioxid pro Tag entfernen kann und wirtschaftlich auf Gigatonnen skalierbar ist.[54]

NETs gewinnen an immer mehr Aufmerksamkeit. Wettbewerbe wie von XPRIZE initiiert, helfen dabei, dass Technologien wie DAC schneller in großem Maßstab demonstriert werden können, um Unsicherheiten hinsichtlich des zukünftigen Einsatzpotenzials und der Kosten zu verringern. So kann DAC eine wichtige Teilkomponente in einer Reihe von Technologien sein, die zur Erreichung der Klimaziele helfen. Es ist aber keine Alternative oder Ausrede für verzögertes Handeln zur Emissionsreduzierung. Das oberste Ziel bleibt, die jährlich emittierten Milliarden Tonnen CO_2 zu minimieren, um weltweit möglich schnell Klimaneutral zu werden.

---

[54] Vgl. *XPRIZE*, $100M Gigaton Scale Carbon Removal, 2021, o. S.

Literaturverzeichnis

a) Monographien

Geoengineering Monitor. 2019. „Direct Air Capture (DAC)." Geoengineering Technologie-Briefing.

Markus, Till, Schaller Romina, Gawel Erik, und Korte Klaas. 2021. *Negativemissionstechnologien als neues Instrument der Klimapolitik.* Open-Access-Publikation, Springer.

b) Berichte

Axthelm, Wolfram. 2019. *Wer Klimaschutz will, braucht die Windenergie.* Informationspapier, Berlin: BWE, Bundesverband WindEnergie e.V.

Deutz, Sarah, und André Bardow. 2021. *Life-cycle assessment of an industrial direct air capture process based on temperature–vacuum swing adsorption.* Nature Energy 6.

IPCC. 2018. *Global Warming of 1.5°C.* UNEP.

Keith, David W., Geoffrey Holmes, David St. Angelo, und Kenton Heidel. 2021. *A Process for Capturing CO2 from the Atmosphere.* Supplemental Information, Carbon Engineering.

Kronenberg, Dominique. 2019. „Das Potential von Direct Air Capture (DAC)." *Innovationstagung CO2.* Climeworks. S. 5.

Liu, Caroline M., Navjot K. Sandhu, Sean T. McCoy, und Joule A. Bergerson. 2020. *A life cycle assessment of greenhouse gas emissions from direct air capture and Fischer–Tropsch fuel production.* Paper, Royal Society of Chemistry.

Noah McQueen, Peter Psarras, Hélène Pilorgé, Simona Liguori, Jiajun He, Mengyao Yuan, Caleb M. Woodall, Kourosh Kian, Lara Pierpoint, Jacob Jurewicz, J. Matthew Lucas, Rory Jacobson, Noah Deich, Jennifer Wilcox. 2020. *Cost Analysis of Direct Air Capture and Sequestration Coupled to Low-Carbon Thermal Energy in the United States.* Environ. Sci. Technol.: American Chemical Society.

Rickels, Wilfried, Christine Merk, Johannes Honneth, Jörg Schwinger, Martin F. Quaas, und Andreas Oschlies. 2018. *Welche Rolle spielen negative Emissionen für die zukünftige Klimapolitik? Eine ökonomische Einschätzung des 1,5°C-Sonderberichts des Weltklimarats.* Kiel Working Paper, No. 2116, Kiel: Kiel Institute for the World Economy (IfW).

Schlögl, Robert, Carlos Abanades, Michele Aresta, Blekkan Edd Anders, Thibault Cantat, Gabriele Centi, Neven Duic, et al. 2018. *Novel carbon capture and utilisation technologies.* Informs the European Commission Group of Chief Scientific Advisors - Scientific Opinion No. 4/2018, Berlin: SAPEA.

c) Zeitschriftenaufsatz

Geoengineering Monitor. 2019. „Direct Air Capture (DAC)." Geoengineering Technologie-Briefing.

Viebahn, Peter, Alexander Scholz, und Ole Zelt. 2019. *Entwicklungsstand und Forschungsbedarf von Direct Air Capture – Ergebnis einer multidimensionalen Analyse* . Dekarbonisierung - Technologien.

Williamson, Phil. 2016. *Emissions reduction: Scrutinize CO2 removal methods.* 530 (7589): Nature.

d) Internetquellen

Heinrich Boell Stiftung. 2021. *Geoengineering Map.* Zugriff am 07. April 2021. https://map.geoengineeringmonitor.org/.

Beuttler, Christoph , und Geoff Holmes. 2021. *IAE - International Energy Agency.* Zugriff am 02. April 2021. https://www.iea.org/reports/direct-air-capture.

Beuttler, Christoph, Louise Charles, und Jan Wurzbacher. 2019. *Frontiersing - The Role of Direct Air Capture in Mitigation of Anthropogenic Greenhouse Gas Emissions.* 21. November. Zugriff am 03. April 2021. https://www.frontiersin.org/articles/10.3389/fclim.2019.00010/full.

Blum, Jordan, und Houston Chronicle. 2019. *CHRON - Oxy moves forward on Permian 'direct air capture' plant.* 22. Mai. Zugriff am 15. April 2021. https://www.chron.com/business/energy/article/Oxy-moves-forward-on-Permian-direct-air-capture-13867251.php.

BMU. 2021. *Bundesministerium für Umwelt, Naturschutz und nukleare Sicherheit.* 16. März. Zugriff am 31. März 2021. https://www.bmu.de/pressemitteilung/treibhausgasemissionen-sinken-2020-um-87-prozent/.

Breitkopf, A. 2021. *Statista.* 2. Februar. Zugriff am 04. März 2021. https://de.statista.com/statistik/daten/studie/167864/umfrage/co-emissionen-in-ausgewaehlten-laendern-weltweit/.

Cairns, Shani. 2020. *Scientists Warning.* 04. Juni. Zugriff am 11. April 2021. https://www.scientistswarning.org/2020/06/04/direct-air-capture/.

Carbon Engineering. 2021. *Carbon Engineering.* Zugriff am 15. April 2021. https://carbonengineering.com/our-technology/.

Climeworks. 2021. *FAQs and more about direct air capture.* Zugriff am 11. April 2021. https://climeworks.com/faq-about-direct-air-capture.

European Union. 2020. *Europäische Kommission.* Zugriff am 31. März 2021. https://ec.europa.eu/clima/policies/international/negotiations/paris_de.

Hüfner, Daniel. 2020. *Businessinsider.* 02. September. Zugriff am 04. April 2021. https://www.businessinsider.de/gruenderszene/technologie/93-millionen-climeworks-co2-staubsauger/.

IEA. 2020. *International Energy Agency.* Juni. Zugriff am 06. April 2021. https://www.iea.org/reports/direct-air-capture.

Newlight Technologies. 2021. *Newlight.* Zugriff am 10. April 2021. https://www.newlight.com/technology.

o. V. 2012. *CO2SINK.* Zugriff am 05. April 2021. http://www.co2sink.org/.

o. V. 2021. *The world's biggest climate-positive direct air capture plant: Orca!* Zugriff am 18. April 2021. https://climeworks.com/orca-4000ton-dac-facility.

o. V. . 2019. *MAG.* Februar. Zugriff am 14. April 2021. https://mag.ebmpapst.com/en/industries/refrigeration-ventilation/awesome-extractors_12472/.

o. V. 2020. *Tagesschau.* 11. Dezember. Zugriff am 30. März 2021. https://www.tagesschau.de/ausland/cozwei-rueckgang-corona-101.html.

Oloye, Olawale, und Anthony O'Mullane. 2021. *Chemistry Europe.* 09. Februar. Zugriff am 06. April 2021. https://chemistry-europe.onlinelibrary.wiley.com/doi/epdf/10.1002/cssc.202100134.

Shaffner, Gary. 2010. *Niels Bohr Institut - Wie sicher sind Kohlendioxid-Lager im Untergrund?* Zugriff am 05. April 2021. https://www.weltderphysik.de/gebiet/erde/news/2010/wie-sicher-sind-kohlendioxid-lager-im-untergrund/.

Silicon Kingdom Holdings. 2021. *MechanicalTrees.* Zugriff am 05. April 2021. https://mechanicaltrees.com/mechanicaltrees/.

Statista Research Department. 2021. *Statista.* 02. Februar. Zugriff am 28. März 2021. https://de.statista.com/statistik/daten/studie/37187/umfrage/der-weltweite-co2-ausstoss-seit-1751/.

Strom-Report. 2021. *Strompreis Gewerbe.* 8. Januar. Zugriff am 13. April 2021. https://strom-report.de/strompreis-gewerbe/.

Swain, Frank. 2021 . *BBC - Cooling the planet by filtering excess carbon dioxide out of the air on an industrial scale would require a new, massive global industry – what would it need to work?* 12. März. Zugriff am 15. April 2021. https://www.bbc.com/future/article/20210310-the-trillion-dollar-plan-to-capture-co2.

Vogelsanger, Peter. 2019. *Klimaatelier.* 19. September. Zugriff am 04. April 2021. https://klimaatelier.ch/hoffnungstechnologie-dac-direct-air-capture-die-technische-co2-entfernung-aus-der-luft-ist-notwendig-und-es-gibt-sie/.

XPRIZE. 2021. *$100M Gigaton Scale Carbon Removal.* Zugriff am 18. April 2021. https://www.xprize.org/prizes/elonmusk.